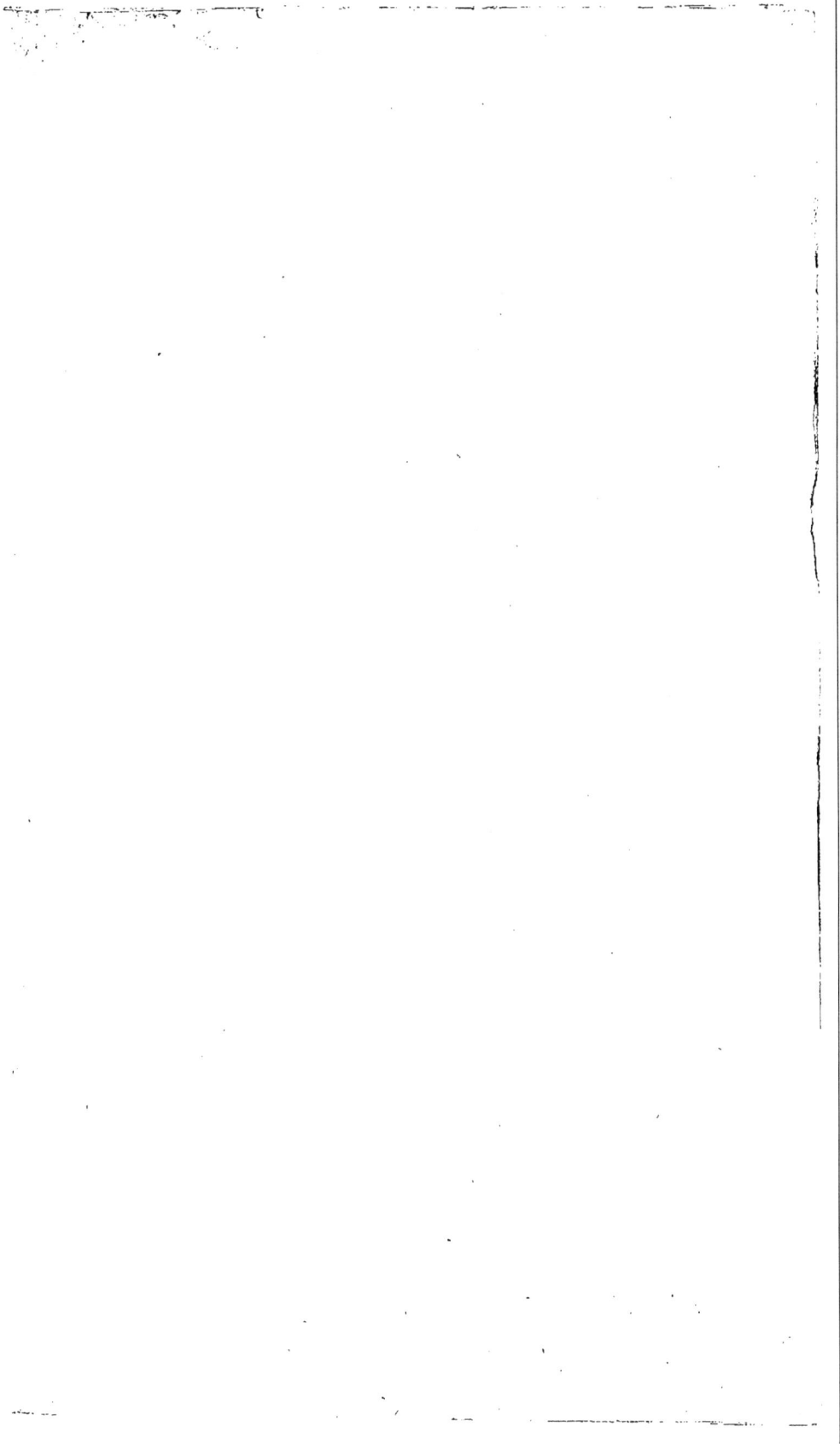

OBSERVATIONS

SUR PLUSIEURS

PLANTES NOUVELLES

RARES OU CRITIQUES

DE LA FRANCE,

PAR

Alexis JORDAN.

(Lues à la Société Linnéenne de Lyon,
séance du 11 Mai 1846.)

PREMIER FRAGMENT.

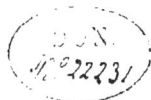

MAI 1846.

PARIS.

J.-B. BAILLIÈRE, LIBRAIRE,

Rue de l'École-de-Médecine, 17.

LEIPZIG.

T. O. WEIGEL, RUE DU ROI.

1846.

F. A. TINANT.

N°

Lyon - - Imp Dumoulin et Ronet
qnai St-Antoine 53

OBSERVATIONS

SUR

PLUSIEURS PLANTES NOUVELLES,

RARES OU CRITIQUES DE LA FRANCE,

PAR

Alexis JORDAN.

GENRE ALYSSUM.

1. Il n'est pas aisé de savoir au juste quelle plante est le véritable *Alyssum halimifolium* de Linné. Si l'on examine la phrase du Spec. plant. p. 907 et les synonymes cités, on n'y trouve rien qui s'applique avec exactitude à aucune des diverses espèces désignées dans les auteurs, sous le nom d'*Al. halimifolium* L. On est donc obligé de s'en tenir à la tradition, puisque le texte linnéen est d'un secours inutile; mais alors l'embarras ne devient pas moindre, car la plante décrite et figurée par Allioni, Fl. ped. 1, p. 245. t. 54 et 86, sous le nom

de *Lunaria halimifolia*, ne paraît pas la même que l'*Alyssum halimifolium* dont parle Lamark, Dict. 1. p. 97, qui lui avait été envoyé par Pourret, et provenait sans doute de la région pyrénéenne. Wildenow dans son Sp. pl. 3, p. 460, paraît avoir décrit une plante différente de celle d'Allioni. De Candolle, dans sa Flore française, 4, p. 692, indique l'*Al. halimifolium* L., à Villefranche, dans les Pyrénées-Orientales, et dans les Alpes du Piémont. Or, l'espèce des Alpes, qui est celle d'Allioni, n'a pas encore été trouvée, que je sache, aux Pyrénées, où l'on rencontre trois autres espèces, d'abord toutes confondues sous le même nom d'*Al. halimifolium*, et dont une a été décrite par Lapeyrouse, Fl. pyr. abr. p. 371, sous le nom d'*Al. pyrenaicum*; une autre par De Candolle, Syst. 2, p. 320, sous le nom d'*Al. macrocarpum*, et dont la troisième enfin, qui est l'*Al. halimifolium* Lap. Abr. p. 371, n'est pas indiquée dans le Syst. de De Candolle, mais est rapportée à l'*Al. macrocarpum* DC., dans De Candolle et Duby, B. g. p. 35, et app. p. 995. C'est cette troisième espèce qu'il s'agit de faire connaître, en signalant ses caractères et en lui donnant un nom.

Allioni ayant le premier décrit et figuré sa plante sous le nom de *Lunaria halimifolia*; De Candolle l'ayant de nouveau décrite dans son Syst. 2, p. 320, sous le nom d'*Al. halimifolium* L, ainsi que d'autres auteurs après lui, de telle sorte qu'elle n'est plus douteuse pour personne ; il n'y a pas lieu, à mon avis, d'ôter à cette espèce le nom qu'elle porte et que l'usage a consacré ; et cela dans le cas même où l'on viendrait à démontrer plus tard par l'examen de l'herbier de Linné que la plante de cet auteur est une autre espèce. Je nommerai *Al. lapeyrousianum* l'*Al. halimifolium* de Lapeyrouse, parce qu'il est bien certain que c'est la plante de Villefranche que cet auteur a voulu désigner sous ce nom, quoiqu'il ne l'ait décrite que très-vaguement et l'ait peut-être confondue avec l'*Al. macrocarpum*. Ce dernier, je crois, n'a pas encore été trouvé à Villefranche même, mais il vient dans des localités très-rapprochées, du côté de Saint-Paul de Fenouillet et de Quillan, sur la limite des départements de l'Aude et des Pyrénées-Orientales, où je l'ai récolté abondamment.

ALYSSUM LAPEYROUSIANUM (N). Pl. 1, fig. A, 1 à 11.

Al. halimifolium Lap. Abr. p. 371. Lamark, Dict. 1. p. 97 ? Wildenow, Sp. pl. 3, 460 ? *Al macrocarpum* DC et Duby, B. g. 1. p. 35, ex parte.

Fleurs disposées en grappe terminale, simple, d'abord courte et serrée, s'allongeant après la floraison, fructifère oblongue. Pédicelles flexueux filiformes, d'abord dressés, puis étalés horizontalement ou même à la fin un peu rejetés en arrière. Calice plus court que son pédicelle, assez lâche, presque égal à la base, à sépales ovales, obtus, concaves, blancs membraneux sur les bords, parsemés sur le dos de poils blancs étoilés. Pétales doubles des sépales, elliptiques-obovés, arrondis et presqu'entiers au sommet, rétrécis inférieurement en onglet égal au tiers du limbe. Etamines égales aux deux tiers des pétales, dépassant un peu le style au moment de l'anthèse. Anthères oblongues, deux fois environ plus courtes que leurs filets lisses et dépourvus de dents. Ovaire sessile, elliptique-oblong, rétréci vers le bas, et un peu vers le haut. Style filiforme égal à l'ovaire. Stigmate très-petit, superficiellement déprimé dans son milieu. Silicule un peu ascendante au sommet du pédicelle, ovale-elliptique, légèrement rétrécie vers le bas, aiguë au sommet, plane et un peu concave en dessus, convexe et renflée en dessous, surmontée par un style égal à peine au tiers de sa longueur. Graines rousses, ovales-elliptiques, à bordure très-étroite, presque nulle, au nombre de deux dans chaque cloison, l'une fertile, l'autre avortée. Funicule plus court que la graine, adhérant vers sa base à la cloison. Feuilles longues de 4 à 5 cent., un peu concaves, oblongues, rétrécies à la base, plus ou moins obtuses et arrondies au sommet, celles

des rameaux florifères plus étroites, d'un vert cen-
dré en dessus, blanchâtres en dessous, toutes
couvertes d'un duvet étoilé, très-fin et très-serré.
Tiges suffrutesceuses, ligneuses et tortueuses à la
base, à rameaux nombreux dressés-étalés, les stériles
courts, les fertiles allongés, filiformes, souvent
contournés et un peu flexueux, terminés en grappes qui dépassent le tiers de leur longueur, cou_
vertes ainsi que les pédicelles d'un duvet étoilé,
serré, blanchâtre qui les fait paraître comme pou-
dreuses.

Cette plante est assez commune dans les environs
de Villefranche (Pyrénées-Orientales), où elle croît
parmi les rochers et dans les lieux secs et pierreux.
Je l'ai récoltée à la Trancade d'Ambouilla, au-dessus du chemin de Prades, au lieu même cité par
Lapeyrouse. Elle fleurit en mai et souvent encore
en juin.

L'*Alyssum halimifolium* (Lunaria all.), qui croît
dans les montagnes du Piémont et de la Provence,
est très-différent de l'espèce que je viens de décrire.
Ses fleurs sont disposées en grappes bien plus courtes, fructifères ovales, aussi larges que longues et
non oblongues, deux à trois fois plus longues que
larges, comme dans le précédent. Les pédicelles sont
étalés, mais non déjetés. Les pétales ovales-elliptiques et légèrement échancrés sont rétrécis plus
brusquement en onglet plus court, égal environ au

quart du limbe. Le style est plus épais et dépasse les anthères au moment de l'anthèse. Le stigmate est plus large, distinctement émarginé, presque bilobé. La silicule est de forme orbiculaire, aplanie des deux côtés à la maturité, à peine trois fois plus longue que son style. Les graines sont au nombre de trois dans chaque loge, dont une ou deux avortent; elles sont rousses et pareillement ovales-elliptiques, mais munies tout autour d'une aile large, égale à leur diamètre. Les feuilles sont aussi généralement plus larges et moins obtuses; leur teinte et leur aspect est du reste très-semblable. La plante est aussi plus basse, et à rameaux moins allongés. D'après les exemplaires que je possède, les deux figures citées d'Allioni ne la représentent que très-imparfaitement. Mes exemplaires, du reste, proviennent de la vallée de Maira, où l'indique Allioni, et du col de Tende. J'ai, en outre, récolté cette plante en France, sur la limite des départements du Var et des Basses-Alpes, à Gars (Var), où elle croît en abondance sur les rochers qui dominent ce petit village.

L'*Alyssum macrocarpum* DC s'éloigne tout-à-fait de l'*Al. lapeyrousianum* par le port et l'aspect, ainsi que par ses caractères; il se rapproche davantage de l'*Al. halimifolium* (All.), dont il est parfaitemens distinct. Ses silicules sont du double plus grandes, obovées-pyriformes, pédicellées à leur base, très-renflées, devenant planes et presque obcordées au sommet par la dessiccation, à quatre ovules dans chaque loge, dont un ou plusieurs avortent ; ses graines sont, comme dans l'*halimifolium*, entourées d'une large bordure ; le funicule est plus court que dans le *lapeyrousianum* ; ses fleurs sont plus grandes que dans les deux autres espèces, son calice plus ouvert, ses pédicelles moins étalés ; ses pétales obovés, échancrés, ont l'onglet quatre fois plus court que le limbe. Il a les anthères un peu dépassées par le style, le stigmate petit, à peine échancré, et l'ovaire toujours distinctement pédicellé ! ce caractère ne s'observe pas dans les deux autres espèces. Ses feuilles sont aussi plus larges que celles de l'*Al. lapeyrousianum* et plus obtuses que celles de l'*Al. halimifolium* (All.).

Il paraît appartenir à la région des Cévennes et de Corbières d'où je l'ai de nombreuses localités. Je l'ai reçu de Mende et de Narbonne, etc. ; je l'ai récolté à Caudiès (Pyrénées-Orientales), au mont Bouquet, près Lussan (Gard), à la Dent-d'Array (Ardèche), etc. Il est probable qu'il existe aussi dans la Drôme.

L'*Al. pyrenaïcum* Lap. ne peut être confondu avec aucune des trois espèces qui précèdent. Ses larges feuilles toutes molles tomenteuses le font aisément reconnaître, ainsi que ses silicules un peu velues, rétrécies aux deux extrémités et terminées par un style long et flexueux. C'est une de nos plus rares espèces françaises.

L'*Al. spinosum* L. est remarquable par ses rameaux vieillis épineux; il forme des touffes extrêmement denses, et ses rameaux tous entrelacés et branchus lui donnent un aspect très-différent de celui des autres espèces voisines; néanmoins la forme de ses silicules elliptiques-obovées, renflées d'un côté, et ses graines à bordure étroite le rapprochent de l'*Al. lapeyrousianum* dont il est, à mon avis, plus voisin que les trois autres *Alyssum* dont je viens de parler. Les analyses de la planche 1, fig. A, B, C, D, feront apprécier les différences qui séparent ces diverses espèces.

II. Peu de plantes sont aussi répandues que l'*Alyssum montanum* L., ou du moins se rencontrent dans des stations plus diverses et des climats plus différents. J'ai cette plante de Fontainebleau, des bords de l'Océan, des sommets des Pyrénées; elle croît sur les bords du Rhône, tout près de Lyon. Je l'ai récoltée plus au midi, à Tain (Drôme), sur le Lautaret, sur le Mont-Cenis, etc. Tous les exemplaires de ces diverses localités, ne me paraissent présenter aucune différence appréciable. Les silicules sont plus ou moins orbiculaires ou elliptiques, plus ou moins grandes, toujours rétuses et très-légèrement échancrées au sommet. Les feuilles varient de largeur ; elles sont plus ou moins obtuses ou un peu aiguës , toujours atténuées à la base, et souvent au sommet ; l'inflorescence et les graines ne présentent aucune différence ; la pubescence est aussi la même.

Bentham , dans son Cat. des pl. des Pyr. , p. 59, indique aux Pyrénées-Orientales l'*Al. diffusum* Ten. , qu'il considère comme une variété de l'*Al. montanum* L. Duby , Bot. g. p. 34 , érige cette plante au rang d'espèce. Je crois , avec ces auteurs , que la plante des Pyrénées est bien la même que celle de Tenore , comme cela me paraît résulter clairement de la description que donne Tenore, Sylloge , p. 316 ; seulement, à mon avis, l'*Al. diffusum* Ten. n'est point une variété de l'*Al. montanum* L. , encore moins une espèce distincte, mais exactement la même plante , telle qu'elle est connue partout en France. Des échantillons étiquettés par Bentham lui-même , que j'ai pu examiner dans l'herbier de M. Seringe , ainsi qu'une série de beaux exemplaires récoltés par M. le capitaine Colson , au sommet du mont Cambredase (Pyr-Or.), qu'il a eu l'obligeance de me communiquer, sont, pour moi, absolument conformes à ceux que je possède d'un grand nombre d'autres localités françaises ; d'où il faut conclure que l'*Al. montanum* L. et l'*Al. diffusum* Ten. signalés dans le Bot. gall. de Duby ne sont qu'une seule et même espèce. Il est vrai que, dans divers auteurs, il est question d'un *Al. montanum* à silicules exactement orbiculaires, deux ou trois fois plus longues que leur style. Gaudin, Fl. helv., 4, p. 244, décrit ainsi l'*Al. montanum* L. Il lui attribue des pétales à onglet très-étroit. De Candolle, dans son Systema, dit aussi le style très-court. Y aurait-il donc en réalité deux plantes, l'une à style court, l'autre à style presque égal à la silicule, ou simplement une espèce unique, mal décrite ou légèrement modifiée? C'est une question qui reste à éclaircir. Ici je n'ai voulu seulement qu'établir l'identité de l'*Al. diffusum* et de l'*Al. montanum* des Flores françaises, avant de parler d'une nouvelle espèce voisine que j'ai à leur comparer, et dont voici la description.

ALYSSUM FLEXICAULE (N), pl. 1, fig. E, 1 à 12.

Fleurs en grappe simple, terminale, corymbiforme et très-courte, même à la maturité. Pédicelles dressés-étalés. Calice de même longueur, presque égal à la base, à sépales ovales-elliptiques, obtus, concaves, blancs membraneux sur les bords, couverts de poils étoilés, appliqués. Pétales presque doubles du calice, obovés-oblongs, rétrécis et atténués en onglet à la base, échancrés au sommet. Étamines plus courtes que les pétales, dépassant le style, les plus longues à filet ailé et sans dent, les plus courtes à filet muni vers le bas d'une aile détachée en forme d'appendice. Ovaire elliptique-oblong, deux fois plus court que le style filiforme, un peu épaissi vers sa base, à stigmate en tête, faiblement déprimé. Silicule ovale-elliptique, de grandeur variable, arrondie et sans échancrure au sommet, plane déprimée sur les bords, un peu convexe sur le dos des valves, des deux côtés, surmontée par un style presque aussi long qu'elle, canescente, toute couverte d'un duvet étoilé, très-dense et très-appliqué. Graine rousse, ovale-elliptique, longue de trois à quatre millimètres sur deux de large, aplanie sur une face, convexe sur l'autre. Funicule adhérant vers sa base à la cloison. Feuilles oblongues obtuses, plus ou moins larges, rétrécies inférieurement, concaves, blanches-canescentes en dessous, plus vertes en dessus. Tiges nombreuses, diffuses, presque herbacées, contournées flexueuses et point raides à la maturité, la plupart stériles, toutes couvertes, ainsi que les feuilles, les pédicelles, les calices et les silicules, de poils blanchâtres très-appliqués, disposés en petites étoiles très-rapprochées, formées de quinze ou vingt rayons très-courts et serrés les uns contre les autres.

Cette espèce vient parmi les rochers et dans les lieux secs et pierreux du mont Ventoux, près Avignon, où je l'ai récoltée en juillet 1844. Elle est fort voisine de l'*Al. montanum* L., mais néanmoins bien distincte. Dans ce dernier, les fleurs sont bien plus nombreuses, et les grappes s'allongent toujours beaucoup, en devenant raides à la maturité. Les silicules qui varient assez de grosseur sont généralement plus petites; elles sont constamment rétuses et toujours un peu émarginées à leur sommet. Les graines sont de moitié plus petites, et au-delà, et relativement plus larges. Ses rameaux sont plus raides, et les stériles moins nombreux. Les poils qui recouvrent la silicule et les autres parties de la plante sont aussi très-différents ; ils forment de petites étoiles à cinq ou huit rayons bien plus longs et moins appliqués. Les calices présentent aussi, de même que la tige, quelques poils simples, épars qu'on ne rencontre pas dans l'*Al. flexicaule.*

L'*Al. Wulfenianum* Bernh. est très-distinct par ses silicules un peu échancrées, point incanes, à la fin glabres, à style court. Il a les filets des étamines tous bidentés, et son feuillage est vert et non blanchâtre. L'*Al. cuneifolium* Ten. diffère par ses feuilles toutes obovées cunéiformes, ses tiges plus redressées, ses silicules un peu échancrées au sommet et ordinairement plus courtes que leur style.

L'*Al. alpestre* L. est très-différent. Ses silicules aplanies, un peu atténuées aux deux extrémités, ses graines à funicule libre, ses fleurs plus petites et plus nombreuses, ses tiges plus courtes et plus

ligneuses à leur base ne permettent pas de les confondre avec l'*Al. flexicaule.*

J'ai, de Corse, l'*Al. nebrodense* Tin., espèce
très-voisine de l'*Al. alpestre* L., dont elle diffère par
ses feuilles blanches des deux côtés et ses grappes
composées.

La plante de Corse me paraît un peu plus robuste
que les échantillons de l'*Al. nebrodense* Tin. de Si-
cile que j'ai pu examiner. Je ne pense pas néanmoins qu'elle en diffère, autant que je puis en juger
d'après des exemplaires très-incomplets.

Explication de la première planche.

Fig. A. Alyssum lapeyrousianum (N).

1. Fragment de la plante de grandeur naturelle.
2. Fleur.
3. Sépale de grandeur naturelle.
4. Sépale grossi.
5. Pétale.
6. Ovaire grossi, avec le style et le pédicelle.
7. Silicule de grandeur naturelle.
8. Une cloison de la silicule portant ses graines.
9. Graine de grandeur naturelle.
10 et 11. Graine grossie.

Fig. B. Alyssum halimifolium (all.)

1. Fleur.
2. Sépale de grandeur naturelle.
3. Sépale grossi.
4. Pétale.
5. Ovaire grossi, avec le style et le pédicelle.
6. Silicule.
7. Une cloison de la silicule portant ses graines.
8. Graine de grandeur naturelle.
9 et 10. Graine grossie.

Fig. C. Alyssum macrocarpum DC.

1. Fleur.
2. Sépale de grandeur naturelle.
3. Sépale grossi.
4. Pétale.
5. Ovaire grossi, avec le style et le pédicelle.
6. Silicule.
7. Une cloison de la silicule portant ses graines.
8. Graine de grandeur naturelle.
9 et 10. Graine grossie.

Fig. D. Alyssum spinosum L.

1. Fleur.
2. Sépale de grandeur naturelle.

3. Sépale grossi.
4. Pétale.
5. Ovaire grossi, avec le style et le pédicelle.
6. Silicule.
7. Cloison portant ses graines.
8. Graine de grandeur naturelle.
9 et 10. Graine grossie.

Fig E. Alyssum flexicaule (N).

1. Fragment de la plante de grandeur naturelle.
2. Fleur.
3. Sépale de grandeur naturelle.
4. Sépale grossi.
5. Pétale.
6. Etamine.
7. Ovaire grossi, avec le style et le pédicelle.
8. Silicule.
9. Cloison portant ses graines.
10. Graine de grandeur naturelle.
11 et 12. Graine grossie.
13. Un faisceau de poils étoilés de la silicule grossi.

Fig. F. Alyssum montanum L.

1. Fleur.
2. Sépale de grandeur naturelle.
3. Sépale grossi.

4. Pétale.
5. Etamine.
6. Ovaire grossi, avec le style et le pédicelle.
7. Silicule.
8. Cloison portant ses graines.
9. Graine de grandeur naturelle.
10 et 11. Graine grossie.
12. Un faisceau de poils étoilés de la silicule grossi.

GENRE VIOLA.

VIOLA VIVARIENSIS (N.). pl. 2.

Fleurs portées sur des pédoncules allongés, courbés au sommet et munis de deux bractéoles placées
immédiatement au-dessous de la courbure, quelquefois plus bas, lancéolées, aiguës, incisées ou
pinnatifides à leur base. Sépales étroitement lancéolés-linéaires, très-aigus, prolongés en appendices
ovales-oblongs, tronqués, dentelés, ciliés, égaux
au tiers de leur longueur. Pétales dépassant les sépales ; les supérieurs d'un bleu clair ou blanchâtre;
deux extérieurs écartés des autres et souvent un peu
rejetés en arrière, oblongs, rétrécis vers leur base,
entiers et arrondis au sommet, ne se recouvrant
pas l'un l'autre, à bords internes seulement conti-
gus, ou divergents à partir de la courbure; deux
intérieurs disposés sur un plan plus relevé, ellipti-
ques-oblongs, marqués d'une légère strie d'un
bleu foncé au-dessus de la courbure qui est jaunâtre
et barbue. Pétale inférieur obové-cunéiforme,
tronqué et mucroné au sommet, de couleur presque constamment jaune et plus foncée vers l'om-
bilic, marqué au-dessus de 5 stries fines d'un bleu

foncé, les deux intermédiaires plus longues et bifides. Eperon bleuâtre, linéaire, obtus, droit avec son extrémité un peu courbée en dedans, très-comprimé latéralement, d'un tiers plus court que le pétale inférieur et presque double des appendices du calice. Anthères ovales-elliptiques, à loges parallèles et contiguës presque jusqu'à leur base, terminées par un appendice membraneux, ovale-obtus, cilié, et décurrent par une bordure de cils jusque vers leur milieu. Style courbé presque immédiatement au-dessus de sa base et redressé perpendiculairement, élargi et comprimé vers le haut. Capsule ovale-oblongue, un peu aiguë, faiblement et obtusément trigone, à valves portant environ 16 graines d'un brun clair, oblongues, presque trois fois aussi longues que larges. Cotylédons à limbe ovale-oblong, deux fois et demie plus long que large, un peu rétréci vers le pétiole et plus long que ce dernier. Feuilles crénelées, toutes brièvement ciliées-pubescentes et d'un vert obscur; les primordiales ovales, un peu en cœur à leur base; les inférieures longuement pétiolées, à limbe ovale, contracté vers le pétiole; les intermédiaires et les supérieures ovales-lancéolées, un peu obtuses, à limbe légèrement rétréci vers sa base, égal au pétiole, ou plus long dans celle du haut, souvent relevé et ondulé sur les bords. Stipules ciliées-pubescentes, plus courtes que le pétiole dans le bas de la plante, les dépassant dans le haut, palmatifides à 7-10 lobes linéaires, entiers, décroissant sur les côtés, celui du milieu plus long et plus large, ordinairement muni de une à trois dents. Tiges anguleuses, un peu ailées, surtout vers le haut, nombreuses, simples, filiformes et couchées à la base, puis redressées étalées, longues de 1 à 2 décimètres. Racine presque vivace, bisannuelle, ou trisannuelle au plus.

Je l'ai récoltée dans le vaste plateau subalpin des montagnes du Vivarais (Ardèche), au-dessus de Burzet et d'Entraigues, auprès des sources de la Loire, où elle croît çà et là dans les prairies et le long des sentiers. Elle n'est point rare dans ces localités, quoique bien moins abondante que le *V. sudetica* W. dont on récolte la fleur pour l'usage des pharmacies, et qui est, à Burzet, l'objet d'un commerce considérable.

Cette plante est voisine des *V. declinata* W. et K., *sudetica* W., et *rothomagensis* Desf., mais elle se distingue de ces trois espèces par des différences bien tranchées, qui ont été soumises à l'épreuve d'une culture de cinq années et de semis réitérés.

Le *V. declinata* W. et Kit. a les fleurs beaucoup plus grandes et les pétales de forme obovale, l'inférieur plus arrondi, bien moins tronqué au sommet et moins cunéiforme à la base, tous, de couleur violacée; son éperon n'est point aminci sur les côtés, ni courbé en dedans à son extrémité, mais droit, souvent un peu arqué en dehors ; ses feuilles sont plus étroites et plus longues, bien plus atténuées en pétioles, à dents plus écartées ; ses stipules sont découpées en lobes très-allongés, tous rétrécis inférieurement et très-entiers ; ses graines sont moins nombreuses et de forme évidemment moins oblongues, deux fois et non presque trois fois aussi longues que larges.

Le *V. sudetica* W. ; *V. lutea Smith*, qui croît pêle-mêle avec la plante que je signale, en est tout-à-fait distinct. Ses fleurs sont du double plus grandes, d'un beau violet, très-rarement jaunes dans les montagnes du centre de la France, et jamais bleues, à pétales supérieurs moins écartés et se recouvrant par leurs bords internes ; son éperon est plus épais, obtus, nullement aminci sur les côtés ; ses anthères sont plus oblongues, à loges divergentes du milieu à la base et à appendices décurrents, par une ligne de cils qui se prolongent jusqu'à leur base ; son style est redressé moins perpendiculairement ; sa capsule est plus ovale et plus courte, et ses graines une fois et demie et non trois fois aussi longues que larges ; ses feuilles sont d'un vert moins sombre, plus brièvement pétiolées et ses stipules divisés en lobes moins nombreux, tous très-entiers ; ses tiges sont plus étroitement ailées, plus faibles, plus nombreuses et radicantes à leur base ; sa racine est très-vivace.

Le *V. rothomagensis* Desf. a de grandes fleurs, des pétales largement obovés, un éperon assez épais, des stipules pinnatifides, des feuilles pour la plupart cordées à leur base, à pétiole très-étroit. Il est très-hispide dans toutes ses parties, et ses poils dépassent en longueur le diamètre des tiges et des pétioles. Sa durée paraît être la même que celle du *V. viva-riensis*.

Le *V. tricolor* des auteurs, qui comprend vraisemblablement plusieurs espèces très-voisines, se reconnaît à sa racine annuelle et à ses stipules pinnatifides. Dans le *V. tricolor arvensis*, la capsule est assez courte et très-obtuse; les cotylédons sont exactement elliptiques à peine deux fois aussi longs que larges, contractés et non rétrécis à leur base, vers le pétiole.

Dans une prochaine note, je me propose de revenir sur les espèces de Viola, du groupe à sigmate urcéolé, qui me semble avoir peu attiré l'attention des Botanistes, jusqu'à présent, et n'est pas, à mon avis, traité d'une manière satisfaisante dans les auteurs.

Explication de la deuxième planche.

VIOLA VIVARIENSIS.(N).

1. La plante entière de grandeur naturelle
2. Fleur, vue de face.

3. La même, vue de côté.

4. Pétale supérieur.

5. Pétale intermédiaire.

6. Pétale inférieur avec son éperon.

7. Le même, vu de côté.

8. Anthère grossie.

9. Ovaire, style et stigmate grossis.

10. Capsule entourée par les sépales.

11. Graine de grosseur naturelle.

12. La même, grossie.

13. Sépale du calice, à la maturité du fruit.

14. Stipule.

15. Feuille du milieu de la tige.

16. Jeune plante pourvue de ses cotylédons

GENRE SAGINA.

Sagina patula (N.) pl. 3, fig. A, 1 à 7.

Pédoncules capillaires, axillaires, uniflores, plus longs que les entre-nœuds, jeunes dressés, puis légèrement penchés, à la fin droits, un peu étalés, parsemés, surtout vers le haut, de très-petits poils glanduleux qui se trouvent également sur le calice. Celui-ci est à quatre, rarement cinq sépales appliqués sur la capsule et atteignant presque le sommet des valves, ovales-oblongs, obtus, un peu convexes et carénés sur le dos, blancs membraneux sur les bords, les deux extérieurs terminés par une petite pointe fléchie en dedans. Pétales très-petits, glanduliformes, obovés, tronqués, à peine émarginés, dix fois plus courts que les sépales. Etamines quatre, rarement cinq, de moitié plus courtes que les sépales, égalant l'ovaire, à filets insérés immédiatement en dessous, et un peu dilatés à leur base. Anthère arrondie, blanchâtre. Quatre, rarement cinq styles dressés, un peu étalés. Ovaire ovale, aigu. Capsule divisée jusqu'à la base en quatre ou rarement cinq valves. Graines brunes, ovales-réniformes, finement chagrinées et munies d'un large sillon sur le dos. Feuilles glabres, linéaires-subulées, aplanies en dessus,

Pl. 3.

un peu convexes en dessous, terminées par une
fine arête, très-entières; les caulinaires, opposées et
réunies, à leur base, en un godet membraneux, très-
rarement munies vers la gaine de très-petits cils caducs ; les radicales plus allongées , souvent persis-
tantes en rosette au bas de la plante. Tige ramifiée
dès la base, non radicante, à rameaux très-nom-
breux, courbés, ascendants, étalés, un peu flexueux,
filiformes, souvent divisés, glabres, et vus à
la loupe, parsemés de glandes sessiles. Racine
annuelle, rameuse, à fibres principales très-écar-
tées. Plante très-grêle, haute de 10 à 15 centimètr.

Je l'ai récoltée dans les champs cultivés, à sol
argileux, à Quincieux (Rhône), où elle croît en
quantité, et le plus souvent pêle-mêle avec le
S. apetala L. Elle est annuelle comme cette dernière
espèce, et fleurit en mai et juin.

Le *S. patula* est fort voisin du *S. apetala* L.,
mais il s'en distingue au premier coup-d'œil à
ses rameaux plus étalés et à son calice appliqué sur
la capsule ; ses styles sont plus courts, ses pédoncules poilus glanduleux vers le haut, ses feuilles
plus allongées et d'un vert plus sombre, ses
graines d'un tiers plus grosses, d'un brun plus
clair, et plus finement chagrinées; elle est aussi
un peu moins grêle dans toutes ses parties.

Le *S. apetala* L. est d'un vert clair, à rameaux
redressés, à sépales sensiblement plus courts que

la capsule et tout-à-fait étalés en croix, à la maturité. Ses pétales sont moins largement obovées, et un peu plus petits.

Le *S. ciliata* de Fries, d'après la description donnée par cet auteur dans les Nov. Fl. suec., p. 59, se distingue du *S. apetala* L. par sa capsule penchée à la maturité et ses pédoncules glabres; ses sépales sont cuspidés, ses feuilles ciliées et ses tiges diffuses. A ces caractères, il est impossible de reconnaître ma plante dont la capsule est parfaitement dressée, les feuilles ordinairement très-glabres et les pédoncules pubescents glanduleux. De plus, il n'est rien dit dans la description de l'auteur suédois du caractère si tranché que présente le calice, dont les sépales sont appliqués sur la capsule dans le *S. patula*, et ouverts en croix dans le *S. apetala* L.

Cette dernière espèce a été décrite par Linné, dans son Mant. alt. 2, p. 559, et indiquée en Italie. Or, l'espèce à sépales étalés est incontestablement la plante d'Italie, celle qui est prise pour le vrai *S. apetala* L. par tous les auteurs. La description de Bertoloni, Fl. it. 2, p. 243, ne peut laisser aucun doute à cet égard : *Foliola calycis capsulâ dehiscente crucis in modum patentia.* La plante que je signale est donc certainement une espèce distincte du vrai *S. apetala* L. Quoi qu'il en soit du *S. ciliata* Fries, si, ce qui me paraît très-peu vraisemblable, ma plante était la même que celle que cet auteur a

voulu signaler, il n'en serait pas moins juste de ne
tenir aucun compte de la description qu'il en donne,
car ce n'est pas décrire une plante que d'omettre,
en la signalant, précisément le seul caractère qui la
distingue nettement de ses congénères les plus voisines, et de lui en attribuer un autre comme essen-
tiel, qui lui est tout-à-fait étranger: *Capsulâ nutante!*

Explication de la troisième planche.

Fig. A. Sagina patula (N.).

1. La plante entière de grandeur naturelle.
2. Sépale grossi.
3. Pétale grossi.
4. Etamine.
5. Capsule.
6. Capsule mûre entourée par les sépales dont l'un a été
   enlevé dans sa moitié supérieure.
7. Graine de grosseur naturelle.
8 et 9. Graine grossie.

Fig B. Sagina apetala L.

1. La plante entière de grandeur naturelle.
2. Sépale grossi.
3. Pétale grossi.
4. Etamine.
5. Capsule.
6. Capsule avant la maturité, entourée par les sépales.
7. Capsule mûre avec les sépales étalés en croix.
8. Graine de grosseur naturelle.
9 et 10. Graine grossie.

GENRE ORCHIS.

Orchis Hanrii (N.), pl. 4, fig. A, 1 à 13.

Fleurs de grandeur médiocre, d'un rose très-pâle, disposées en épi ovale-oblong, assez lâche. Bractées membraneuses, blanchâtres, à nervure dorsale verte, lancéolées, acuminées, égalant environ la longueur de l'ovaire. Divisions supérieures du périgone soudées inférieurement et conniventes en forme de casque ovale, à pointes libres, flexueuses. Trois divisions externes plus grandes, lancéolées, acuminées ; les latérales élargies davantage et obliques à leur base, marquées jusqu'au-delà du milieu de trois nervures, vertes en dehors, rougeâtres en dedans ; l'intermédiaire droite, de forme plus oblongue, à une seule nervure. Deux divisions internes appliquées contre la face intérieure des autres et presque soudées avec elles, d'un tiers plus courtes, étroites, de forme exactement linéaire et brièvement acuminées au sommet. Tablier pendant, d'un rose blanchâtre, marqué de points purpurins plus gros dans le milieu, plus petits et plus nombreux sur les bords, largement ovale dans son pourtour, à trois lobes légèrement dentelés ; les latéraux obovés tronqués, inclinés en avant et rapprochés du lobe médian par leurs bords internes; celui-ci en forme de cœur renversé avec un petit appendice dans l'échancrure. Eperon blanchâtre, oblong-linéaire, presque égal et cylindrique, un peu courbé et dépassant à peine le milieu de l'ovaire. Anthère plus courte que la moitié des divisions du périgone, arrondie, apiculée, d'un brun rougeâtre livide. Masse pollinique d'un vert clair, obovée-pyriforme, aussi longue que son pédicelle. Bursicule surmonté d'un appendice linguiforme plus long que le pédicelle de la masse pollinique. Staminoïde oblong. Feuilles d'un vert pâle, glaucescentes, oblongues-elliptiques, aiguës et mucronulées, les inférieures dressées-étalées, les supérieures dressées et ordinairement appliquées contre la tige qu'elles embrassent an moment de la floraison. Tige haute de 12 à 15 centimètres environ, munie de 4-6 feuilles, nue dans son tiers supérieur, assez fortement striée, dressée, point raide, souvent un peu flexueuse. Tubercules ovoïdes, entiers, courtement pédicellés.

Cette espèce croît dans les lieux secs de la forêt des Maures, près du Luc (Var), où elle a été découverte par M. Hanri du Luc, qui m'en a envoyé de beaux exemplaires vivants. Je l'ai reçue de Corse, sous le nom d'*O. acuminata* Desf. ; c'est, sans doute, la même plante qui est indiquée sous ce nom, aux environs de Nice, par Risso. Elle vient en Italie, dans la Calabre, et probablement dans beaucoup d'autres

lieux, où elle aura été prise pour l'*O. acuminata*
Desf. Elle fleurit au commencement de mars.

L'*O. acuminata* Desf. Fl. atl. 2. p. 318,
t. 247, se distingue de l'*O. Hanrii*, surtout par
la forme du tablier, dont les lobes latéraux sont
linéaires, courts, tronqués et perpendiculaires sur
le lobe médian qui est de forme rhomboïdale et non
régulièrement obcordé. Les divisions internes du
périgone sont de moitié plus courtes que les externes, plus larges que dans l'*O. Hanrii* et de forme lan-
céolée. L'éperon est plus épaissi vers son extrémité,
et comprimé d'après Desfontaines. Les bractées dépassent ordinairement l'ovaire, et l'anthère est bien
moins nettement apiculée. Ses fleurs sont aussi beaucoup plus petites et plus nombreuses, en épi bien
plus serré et plus court ; leur couleur est presque
blanche. Ses feuilles sont plus larges et plus obtuses,
et sa taille paraît plus élevée.

M. Mutel, dans sa Flore française, 4. p. 235, dit
avoir observé l'*O. acuminata* Desf. en quantité, à
Bone, en Afrique, et insiste sur la forme du tablier
qui est si remarquable dans cette espèce. La figure
et la description de Desfontaines s'accordent avec
ses observations.

Mon ami, M. Sagot, botaniste distingué de Paris,
a bien voulu, sur ma demande, examiner la plante
de l'herbier Desfontaines. D'après les excellentes observations qu'il m'a transmises, et aussi d'après les

dessins reproduits dans la fig. B. de la planche 4 ci-
jointe, qu'il a pu faire sur des exemplaires étiquettés de la main de Desfontaines, il m'est impossible
de conserver aucun doute sur la différence réelle qui
existe entre la plante du Luc, de Corse et d'Italie, et
celle d'Afrique. Cette dernière, d'après Poiret, Enc·
suppl. 4. p. 175, serait la même plante que son *O.
lactea*, décrit antérieurement dans Lamark Dict. 4.
p. 594. Les descriptions des deux auteurs cadrent,
en effet, sur beaucoup de points et s'appliquent pro·
bablement à la même espèce ; néanmoins, comme
l'identité des deux plantes ne pourrait être que dif-
ficilement démontrée, je pense qu'il convient de
laisser à la plante de Desfontaines qui est figurée et
mieux connue, le nom qu'elle porte, et cela avec
d'autant plus de raison qu'elle n'a pas toujours les
fleurs blanches, comme l'observe M. Mutel.

Explication de la quatrième planche.

FIG. A. ORCHIS HANRII (N.).

1. La plante entière de grandeur naturelle.
2. Fleur vue de côté accompagnée du pédicelle et de la
   bractée.
3. Fleur vue de face.
4. Bractée.
5. Divisions supérieures du périgone

6. Division supérieure latérale.
7. Division supérieure intermédiaire.
8. Division interne.
9. Tablier.
10. Corps de l'anthère.
11. Le même vu de côté.
12. Masse pollinique avec son pédicelle.
13. Bursicule avec son appendice.

Fig. B. Orchis acuminata Desf.

1 et 2. Fleur accompagnée du pédicelle et de la bractée
3. Divisions supérieures du périgone.

Fig. C. Orchis variegata all.

1. Fleur, vue de côté, accompagnée du pédicelle et de la
   bractée.
2. Fleur vue de face.
3. Bractée.
4. Divisions supérieures du périgone.
5. Division supérieure latérale.
6. Division supérieure intermédiaire.
7. Division interne.
8. Tablier.
9. Corps de l'anthère.
10. Le même, vu de côté.
11. Masse pollinique avec son pédicelle.
12. Bursicule avec son appendice.

Obs. La présente note était achevée, lorsque j'a[i] appris que mon ami, M. le docteur Hénon, venait de lire, à la Société d'agriculture de Lyon, un mémoire sur la même espèce d'Orchis qu'il avait apportée d'un voyage tout récent dans le midi de la France. Quoique son mémoire ne me soit pas encore connu, je m'empresse de reconnaître ici son droit de priorité sur cette espèce, à laquelle il paraît, d'ailleurs, avoir imposé, ainsi que je l'ai fait, le nom d'*Orchis Hanrii*.

GENRE TULIPA.

Le genre Tulipa est un de ceux dont les botanistes, en France, ont le plus négligé l'étude. On ne trouve dans les descriptions de nos auteurs que des caractères insignifiants, ou signalés d'une manière vague, et rien qui fasse bien connaître et distinguer les espèces de ce genre, dont plusieurs, spontanées dans nos champs, ne lassent pas l'admiration par leur beauté et l'éclat de leurs couleurs. Les auteurs italiens, Reboul notamment, et Bertoloni, dans son *Flora italica*, ont donné plus de détails sur les Tulipes de l'Italie; mais leurs descriptions, quoique assez exactes, me paraissent manquer quelquefois de précision, et la limite des espèces n'y est pas toujours indiquée d'une manière assez nette. Sans parler ici des *T.-sylvestris* L., *celsiana* DC., et *gallica* Lois., dont les caractères sont si peu connus, je citerai le *T. præcox* Ten. et le *T. oculus-solis* St. Am., deux espèces très-distinctes, qui sont encore généralement confondues par les botanistes français, la première n'étant mentionnée dans aucune de nos Flores. Mais avant de signaler leurs différences les plus caractéristiques, je vais donner la description d'une nouvelle espèce de tulipe que j'ai reçue de Savoie, sous le nom de *T. oculus solis* .St. Am., et qui fait le principal objet de cette note.

3

TULIPA DIDIERI (N.), pl. 5, fig. A, 1 à 10.

Fleur dressée avant l'anthèse. Périgone campanulé, renflé et arrondi inférieurement, très-légèrement resserré au-dessus du milieu, évasé au sommet ;
trois divisions extérieures ovales-elliptiques, rétrécies
des deux côtés, à partir du milieu, arquées en
dehors et acuminées au sommet, courbées en dedans vers la base ; trois intérieures de même forme,
seulement un peu plus courtes, plus arrondies vers
le haut, et aussi moins arquées et moins acuminées ;
toutes très-glabres, à peine un peu pubescentes
à leur pointe. Etamines d'abord plus longues que
l'ovaire, à la fin de même longueur ; anthères déflorées, oblongues, mucronulées, égales aux filets ;
ceux-ci oblongs-linéaires, aplanis, très-glabres.
Ovaire lisse, trigone, presque égal, un peu rétréci
près du sommet, à longueur égale à quatre fois
sa largeur. Stigmates arrondis, larges, dépassant
le diamètre de l'ovaire, à crête munie de papilles
très-courtes, distinctement canaliculée en dessus.
Feuilles glaucescentes, glabres, dressées-étalées,
lancéolées-oblongues, un peu aiguës, les supérieures plus étroites, toutes alternes, sessiles plus
ou moins embrassantes à leur base. Tige lisse,
dressée, uniflore et dépassant les feuilles. Bulbe
ovoïde, revêtue d'une tunique mince et brune,

garnie à sa surface interne de poils épars, appliqués, souvent presque nuls.

Cette espèce est très-commune dans les champs
du Clappey, près de Saint-Jean-de-Maurienne, en
Savoie, d'où je l'ai reçue de M. Didier, avocat fiscal
à Annecy et botaniste zélé, auquel je suis redevable
de plusieurs autres plantes rares. J'en ai planté des
bulbes dans mon jardin, où elle fleurit dès les pre-
miers jours de mai, quinze jours après le *T. oculus
solis* St-Am., et un mois environ après le *T. præcox*
Ten.

La couleur de sa fleur est d'un beau rouge pour-
pré fort tendre, vive et luisante à l'intérieur, pâle
et grisâtre en dehors, vers la base du périgone dont
chacune des divisions est marquée en dedans d'une
grande tache occupant tout son quart inférieur,
rhomboïdale en coin, d'un bleu grisâtre, entourée
seulement vers le haut d'une bordure d'un jaune
très-pâle, et finement incisée-dentée avec trois dents
plus grandes au sommet. Les filets des étamines sont
noirâtres avec leurs extrémités subulées blanches,
et les anthères d'un brun livide ou violet, avec le pollen jaune. L'ovaire est verdâtre, et le stigmate de
couleur de chair très-pâle. L'odeur de la fleur est
légère et fugace, mais très-suave. Les feuilles sont
couvertes d'une poussière glauque et munie d'une
bordure cartilagineuse très-étroite, et souvent aussi
de petits fils très-fins et caducs ; vues à la loupe, elles

paraissent toutes parsemées de points brillants et cartilagineux. Ces caractères se voient également dans d'autres espèces voisines. Je n'ai pas encore pu observer la capsule mûre, ni les graines.

Obs. — La couleur que je viens de décrire ne paraît pas constante dans cette espèce : au moment même où j'achève cette note, je reçois de M. Didier un grand nombre d'exemplaires vivants du *T. Didieri*, desquels il résulte que la couleur se modifie, et passe du rouge vif au jaune pâle, par une suite d'intermédiaires les mieux nuancés. Les taches qui existent à la base interne du périgone se rencontrent toujours, mais elles deviennent d'autant plus pâles que la nuance de la couleur tire davantage sur le jaune. D'après l'observation de M. Didier, la couleur rouge pure est néanmoins dominante dans les lieux où croît cette tulipe, et les individus à fleur jaune, ou nuancée de jaune et de rouge, sont beaucoup plus rares, et semblent le résultat d'un semis naturel, analogue aux semis de nos jardiniers qui ont produit dans les espèces de tulipes cultivées une foule de variétés de couleurs si tranchées et si belles.

Cette espèce, qui se rapproche du *T. oculus solis* St-Am. et du *T. præcox* Ten. par la couleur ordinaire de la fleur et la disposition des taches, en est parfaitement distincte par la forme du périgone et de ses divisions, et aussi par la forme et la grandeur des stigmates. Ses feuilles sont plus courtes, toujours dépassées par la tige, et sa bulbe n'est pas laineuse. La forme de son périgone la rapproche du *T. sylvestris* L., mais sa tige est toujours droite et plus robuste. Les divisions du périgone et les filets sont très-glabres, et son feuillage est aussi bien différent.

Le *T. scabriscapa* Bert. Fl. it. se distingue par sa tige beaucoup plus basse, toujours pubescente, et ses divisions internes étranglées près du sommet. Le *T. serotina* Reboul a les feuilles beaucoup moins larges, le périgone moins courbé en dehors et d'un rouge plus foncé; les taches sont oblongues et noirâtres, les anthères jaunes, et les filets verdâtres subulés filiformes.

Il me reste à donner les caractères des *T. oculus solis* St-Am. et *T. præcox* Ten, afin de pouvoir comparer ces deux espèces entre elles, et avec le *T. Didieri*.

TULIPA OCULUS SOLIS (St-Am.), pl. 5, fig. B, 1 à 7.

T. oculus solis St-Am. Rec. soc. d'ag. I, p. 75.— DC. Fl. fr. 3 p. 200. — Bert. Fl. it. 4, p. 81, etc., *T. acutiflora* Poir. Dict. 8, 134.

Fleur dressée avant l'anthèse. Périgone campanulé, un peu rétréci à la base et s'élargissant insen-

siblement jusqu'au sommet, à divisions presque
droites, oblongues-lancéolées, acuminées, glabres, et à peine un peu pubescentes à leur pointe;
les trois extérieures à bords souvent un peu réflé-
chis, légèrement rétrécies vers le bas ; les trois intérieures plus étroites et plus courtes, moins acuminées, moins rétrécies au sommet et davantage à la
base. Etamines dépassant un peu l'ovaire. Anthères
déflorées oblongues, mucronulées, plus longues
que les filets lancéolés-linéaires, planes et glabres.
Ovaire lisse, cinq fois plus long que large, oblong,
trigone, un peu rétréci à son sommet. Stigmates petits, arrondis, réniformes, à crête très-courte, ciliée,
très-mince, à sillon peu visible, plus étroits que le
diamètre de l'ovaire. Feuilles vertes, très-rarement
un peu glauques, dressées-étalées, oblongues, allongées, canaliculées et très-peu ondulées sur les
bords ; les supérieures étroites et acuminées, toutes
alternes, sessiles et plus ou moins embrassantes à
la base. Tige lisse, dressée, uniflore, courte et dé-
passée constamment par les feuilles. Bulbe ovoïde,
à tunique chargée en dessous d'un duvet laineux.

Je l'ai récoltée à Toulon, du côté d'Ollioules, où
elle est assez commune dans les champs. Je l'ai ob-
servée aussi à Draguignan (Var). Elle vient à Mar-
seille, à Montpellier, et dans beaucoup d'autres lieux
du midi de la France qu'il est, je pense, inutile d'in-
diquer ici d'après les auteurs, à cause de la confu-

sion qui a pu être faite de cette espèce avec le *T. præcox* Ten.

Elle commence à fleurir vers le milieu d'avril, soit dans mon jardin, soit à Toulon, d'où proviennent les exemplaires que je cultive. La couleur est d'un rouge écarlate, très-vive à l'intérieur, pâle et un peu jaunâtre en dehors. Les taches des divisions du périgone sont d'un bleu violacé noirâtre, oblongues-allongées, dépassant le tiers de leur longueur, entièrement bordées de jaune dans les extérieures, et dentelées tout autour, presque tronquées et incisées au sommet; dans les divisions intérieures, la bordure jaune est très-étroite sur les côtés, et disparaît près de la base; les dents du sommet sont aussi plus allongées. Les étamines sont d'un violet noirâtre, les filets blancs à leur extrémité, et le pollen d'un beau jaune. Le stigmate est purpurin. Son odeur est presque nulle.

TULIPA PRÆCOX Ten. pl. 5, fig. C, 1 à 7.

T. præcox Ten. Fl. nap. 1, p. 170. — R. et Sch. Syst. v. 7, p. 1, p. 378. — Bert. Fl. it. 4, p. 79. — *T. foxiana* Reboul Sel. sp. t. p. 2, n° 1.

Fleur dressée avant l'anthèse. Périgone large, renflé et arrondi inférieurement, droit, point évasé au sommet, à divisions très-concaves; trois extérieures

ovales oblongues, un peu acuminées, pubescentes-
laineuses à leur pointe, brusquement rétrécies et
courbées vers leur quart inférieur; les trois intérieures d'un quart plus courtes et plus étroites, de forme
elliptique, faiblement rétrécies des deux côtés, obtuses et arrondies, avec ou sans échancrure au sommet. Etamines égales à l'ovaire, ou un peu plus courtes. Anthères déflorées oblongues, mucronulées,
plus longues que leurs filets lancéolés-linéaires, planes et glabres. Ovaire un peu scabre, quatre fois
plus long que large, oblong, trigone, un peu rétréci
à son sommet. Stigmates petits, arrondis, réniformes, surmontés d'une crête ciliée, pubescente, mince
et peu sillonnée en dessus, plus étroits que le diamètre de l'ovaire. Feuilles glaucescentes, très-allongées, les inférieures ovales-oblongues, ordinairement déjetées, réfléchies dès leur milieu; les supérieures dressées-étalées, étroitement et longuement
acuminées, canaliculées et un peu ondulées. Tige
lisse, dressée, uniflore, égalant ou dépassant les feuilles. Bulbe ovoïde, épaisse, à tunique laineuse en
dessous.

Je l'ai récoltée dans les champs de la Garde, entre
Hyères et Toulon, et à Vienne près Lyon, où elle
croît abondamment dans des champs situés aux
bords du Rhône, un peu au-dessous de la ville. Je
l'ai reçue vivante du Luc et de Grasse (Var), où elle
n'est point rare.

Elle fleurit dans mon jardin comme à Hyères et à Vienne, au commencement d'avril, quinze jours avant le *T. oculus solis*. Sa couleur est d'un beau rouge, mais bien moins vive et moins écarlate que celle du *T. oculus solis*, et bien plus foncée que celle du *T. Didieri*.

Elle ne se conserve pas par la dessiccation, et prend une teinte brune ferrugineuse. Les taches des divisions sont larges, dentelées, égales au tiers de leur longueur, d'un violet noirâtre, ovales-oblongues, et entièrement bordées de jaune dans les extérieures, rhomboïdales et bordées de jaune seulement au sommet dans les intérieures. Les anthères sont verdâtres et le pollen d'un jaune sale. Les filets sont d'un brun grisâtre. L'ovaire est, comme dans le *T. oculus solis* verdâtre, rougissant sur les angles et les sutures. Le stigmate est rougeâtre. Le duvet laineux de la tunique est plus roux que dans le *T. oculus solis* Son odeur est douce et presque nulle.

La forme seule du périgone distingue parfaitement ces trois espèces à l'état frais, et il est impossible de les confondre, la fleur du *T. Didieri* présentant la forme d'une cloche un peu resserrée, puis évasée au sommet, tandis que celle du *T. præcox* qui est d'ailleurs plus grande, n'est ni resserrée, ni évasée, et que celle du *T. oculus solis* est rétrécie à la base, et non renflée comme dans les deux autres. A l'état sec, ces caractères sont moins sensibles, mais il reste la forme des divisions du périgone. Dans le *T. Didieri*, les extérieures se rétrécissent graduellement des deux côtés à partir du milieu ; dans le *T. præcox* le rétrécissement vers la base est brusque et commence bien au-dessous du milieu ; dans le *T. oculus solis* leur forme est plus étroite, plus allongée, et le rétrécissement bien moins marqué. Les stigmates diffèrent peu dans les *T. præcox* et *oculis solis* mais ils sont beaucoup plus grands dans le *T. Didieri*, et leur crête est munie d'un sillon large et profond. Ce caractère est visible sur le sec. Les feuilles sont très-allongées dans le *T. præcox*, et atteignent rarement la fleur. Dans le *T. oculus solis* elles la dépassent constamment de beaucoup. La plante est d'ailleurs beaucoup plus basse. Le *T. Didieri* a des feuilles bien plus courtes que les deux autres et moins acuminées. Sa bulbe, à tunique légèrement poilue en dessous, est aussi très-distincte de celle des deux autres espèces.

La longueur de l'ovaire et des étamines varie suivant leur développement, qui est graduel, et aussi suivant que les tendances à l'avortement se manifestent, ou non, ce qu'il n'est pas toujours aisé de reconnaître lorsque la plante n'est qu'en fleur. J'ai indiqué leur état le plus ordinaire, aussitôt après l'émission du pollen.

Je regrette de n'avoir pu tirer aucun caractère des capsules et des graines de ces espèces, dont je suis privé.

On s'est souvent servi pour caractériser les tulipes de la présence ou de l'absence des poils au sommet des divisions du périgone et de la forme plus ou moins acuminée de ces divisions. Je crois qu'une même espèce peut présenter de grandes variations à cet égard; j'ai des échantillons très-pubescents du *T. oculus solis* St-Am. et d'autres qui le sont à peine. Mes exemplaires du *T. præcox* Ten. de Vienne ont les divisions bien plus obtuses que celles de la plante d'Hyères, qui est d'ailleurs parfaitement identique.

Bertoloni, Fl. it. v. 4, p. 79, et Reichenbach, Fl. exc. add. 703, signalent, d'après Reboul, plusieurs variétés du *T. præcox* Ten., qui ne diffèrent entre elles que par les divisions plus ou moins obtuses ou inégales, et les feuilles plus ou moins glauques. Si elles ne présentent pas d'autres caractères, il est évident pour moi que ce ne sont que des variations d'un même type, auquel il est fort inutile de donner des noms de variétés. Rien, à mon avis, n'est plus propre à faire confondre ou méconnaître les véritables espèces, et à porter préjudice à la science, que la multiplication des variétés dans les descriptions. Les variations des plantes sont nombreuses mais les variétés ou déviations constantes sont extrêmement rares dans la nature. Que les espèces soient circonscrites dans des limites larges mais certaines, en un mot dans leurs vraies limites, et leurs rapports mutuels, comme leurs déviations passagères, seront toujours plus faciles à saisir.

Explication de la cinquième planche.

Fig. A. TULIPA DIDIERI (N.).

1 et 2. La plante entière de grandeur naturelle.
3. Division externe du périgone.
4. La même, vue de côté.
5. Division interne.
6. La même, vue de côté.
7. Etamine avant l'émission du pollen.
8. Etamine après l'émission du pollen.
9. Ovaire et stigmates.
10. Fragment de tunique de la bulbe, vu à sa surface interne.

Fig. B. TULIPA OCULUS SOLIS St-Am.

1. Fleur.
2. Division externe du périgone.
3. La même, vue de côté.
4. Division interne.

5. La même, vue de côté.
6. Etamine après l'émission du pollen.
7. Ovaire et stigmates.

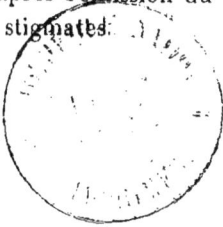

Fig. C. TULIPA PRÆCOX TED.

1. Fleur.
2. Division externe du périgone.
3. La même, vue de côté.
4. Division interne.
5. La même, vue de côté.
6. Etamine après l'émission du pollen.
7. Ovaire et stigmates.

LYON. — Imp. de DUMOULIN ET RONET.

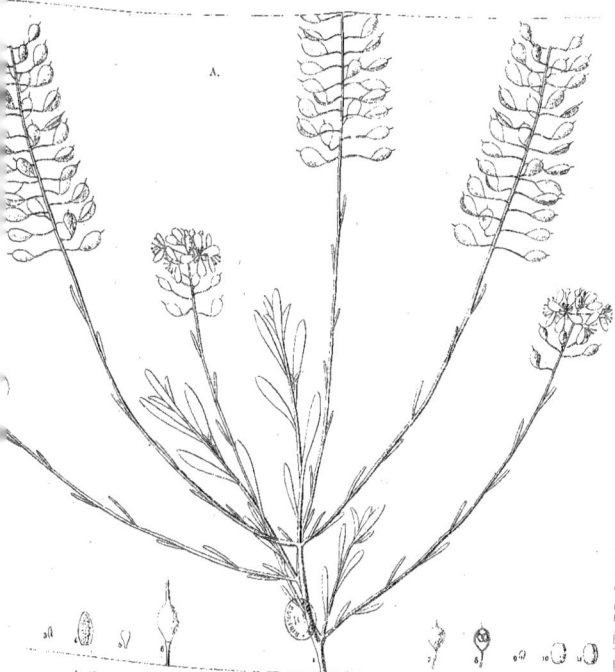

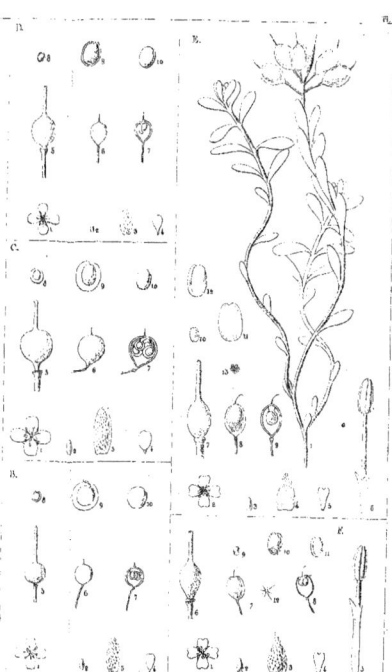

A. Alyssum lapeyrousianum.   B. Al. halimifolium.   C. Al. macrocarpum.   D. Al. spinosum.   E. Al. flexicaule.   F. Al. montanum.

Pl. 2

Viola vivariensis.

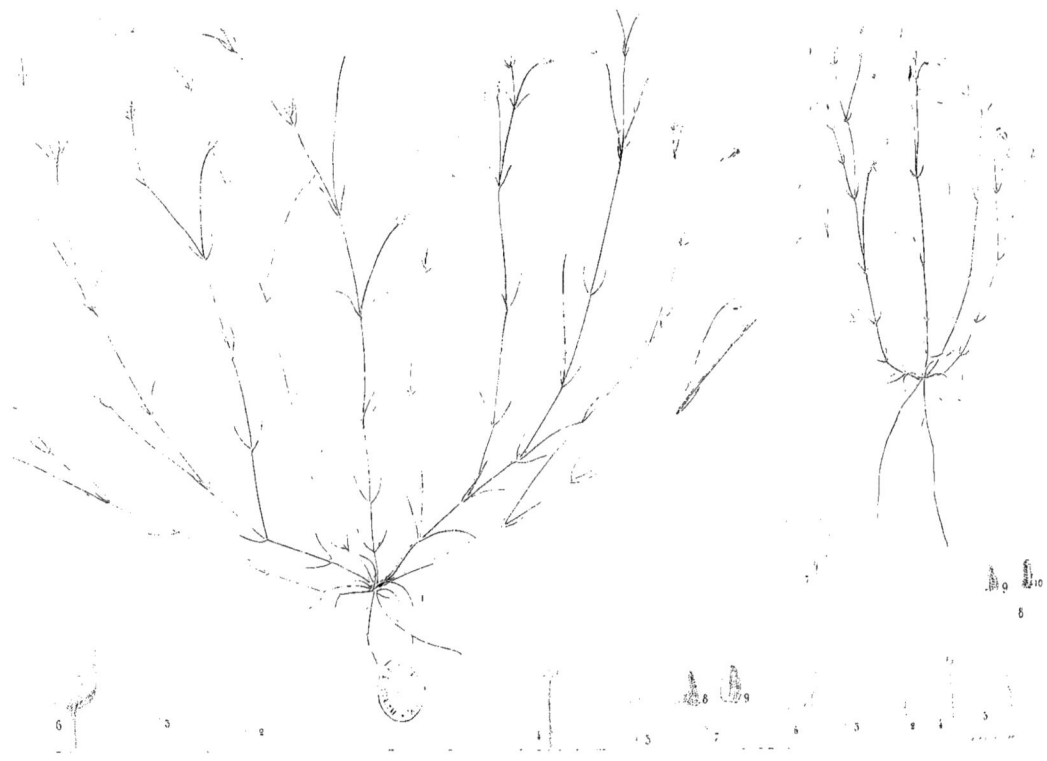

A.

B.

Sagina patula. B. Sagina apetala.

Pl. 4

A. Orchis hanrii. B. Orchis acuminata. C. Orchis variegata.

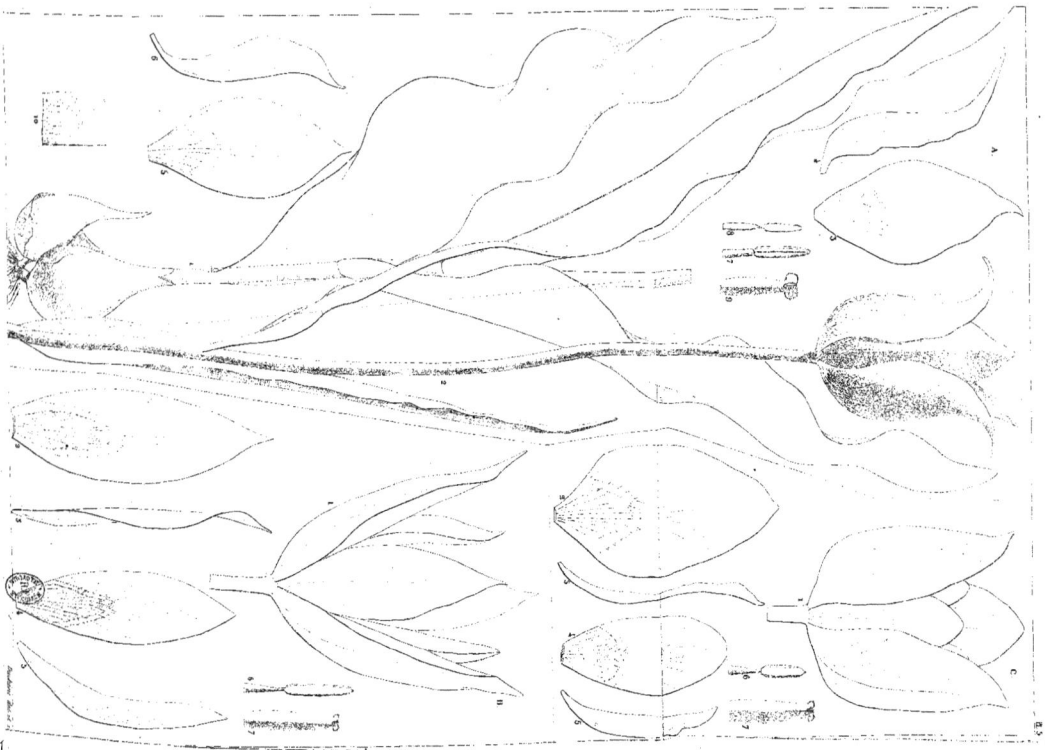

www.ingramcontent.com/pod-product-compliance
Lightning Source LLC
Chambersburg PA
CBHW050519210326
41520CB00012B/2360